ROUE HYDRAULIQUE SAGEBIEN

PRÉCÉDÉES

D'un Exposé du principe de ce nouveau moteur

à aubes immergentes et à niveau maintenu dans les aubes

PAR M. SAGEBIEN

INGÉNIEUR CIVIL A AMIENS

—∞—

PARIS

LIBRAIRIE SCIENTIFIQUE, INDUSTRIELLE ET AGRICOLE

Eugène LACROIX, Éditeur

LIBRAIRE DES INGÉNIEURS CIVILS

15, Quai Malaquais, 15

1866

EXPÉRIÉNCES

SUR

LA ROUE HYDRAULIQUE SAGEBIEN

PARIS. — TYPOGRAPHIE HENNUYER ET FILS, RUE DU BOULEVARD, 7.

EXPÉRIENCES

SUR LA

ROUE HYDRAULIQUE SAGEBIEN

PRÉCÉDÉES

D'un Exposé du principe de ce nouveau moteur
à aubes immergentes et à niveau maintenu dans les aubes

PAR M. SAGEBIEN

INGÉNIEUR CIVIL A AMIENS

***

PARIS

LIBRAIRIE SCIENTIFIQUE, INDUSTRIELLE ET AGRICOLE
Eugène LACROIX, Éditeur
LIBRAIRE DES INGÉNIEURS CIVILS
15, Quai Malaquais, 15

1866

EXPÉRIENCES

LA ROUE HYDRAULIQUE SAGEBIEN

Les moteurs hydrauliques (roues ou turbines) sont considérés comme d'autant meilleurs, que leur rendement, ou effet utile, se rapproche le plus de l'effet théorique donné par le volume d'eau avec lequel on opère.

Les principaux moteurs employés généralement, pour atteindre ce but, sont : les roues de côté, les roues à augets, les roues Poncelet, et les turbines.

Quand on dispose de volumes d'eau ne dépassant pas un débit de 1,200 litres par seconde, les roues de côté ou à augets paraissent être les meilleurs moteurs. Un débit supérieur exigerait, pour l'installation de ce genre de roues, un emplacement trop considérable, attendu que, pour en obtenir le maximum d'effet utile, on doit limiter leur dépense d'eau à 200 litres environ par seconde et par mètre de largeur de roue. Dans ces conditions, elles peuvent atteindre un rendement de 60 à 70 pour 100 de l'effet théorique, avec des chutes de 1^m,50 à 3 mètres de hauteur; mais ce rendement est souvent inférieur à 60 pour 100, quand la chute est au-dessous de 1^m,50.

La roue Poncelet, qui, à largeur égale, peut dépenser un volume d'eau beaucoup plus considérable, ne dépasse guère un rendement de 60 pour 100 ; encore, pour cela, faut-il qu'elle reste dans des conditions de vitesse qui lui sont propres ; que le volume d'eau ne varie pas trop sensiblement, et qu'il n'y ait pas de crues en aval.

Les turbines ont l'avantage de pouvoir dépenser des volumes d'eau très-considérables, tout en occupant un espace restreint. Toutefois, leur rendement est très-variable ; et, bien que des essais aient parfois constaté un rendement de 70 pour 100 et même davantage, elles ne réalisent pas ce résultat en pratique. En effet, pour peu que l'eau ne remplisse pas complétement les vannettes ou orifices propulseurs, que la vitesse soit moindre ou plus grande, ou qu'il y ait refoulement d'eau en aval, elles descendent notablement au-dessous de l'effet utile trouvé lors des essais, pour lesquels, d'ailleurs, les fournisseurs ont soin de se placer dans les conditions, le plus souvent transitoires, qui peuvent le mieux favoriser le rendement pour leurs expériences.

Mais il est une considération plus importante en ce qui concerne les turbines : c'est que, pour ces moteurs, le coefficient de contraction de l'eau à la sortie des vannettes, coefficient que l'on suppose généralement de $0^m,80$, n'est pas établi d'une manière certaine, attendu qu'il dépend de la disposition des orifices de sortie, qui est très-variable, suivant les genres de turbines, et de la vitesse plus ou moins grande de l'appareil, lequel, agissant comme un aspirateur, peut augmenter la dépense d'eau, dans une proportion telle, que cette dépense corresponde parfois à un coefficient de plus de $1^m,20$. Il résulte de là qu'une turbine peut dépenser un volume d'eau notablement supérieur à celui qu'elle est supposée dépenser ; et qu'à ce fait doivent être attribués les mécomptes éprouvés par bien des usiniers, sur le rendement annoncé ; fait constaté plusieurs fois par les variations de niveau que l'on peut faire à volonté subir à l'eau du bief supérieur, en augmentant ou en diminuant tout simplement la vitesse de la turbine, et sans rien changer à l'ouverture des orifices de sortie.

Quoi qu'il en soit des rendements vrais ou apparents constatés pour les différents moteurs que nous venons de signaler, ces rendements restent bien au-dessous de ceux que nous avons obtenus avec la roue hydraulique de notre invention, dont nous avons établi le premier spécimen chez M. Queste, meunier à Ronquerolles, près Clermont (Oise), et dont un essai a été fait, le 25 décembre 1861, sur la roue que nous avons établie chez M. Sement, à Serquigny (Eure), par une commission nommée à cet effet par la Société d'encouragement, et composée de MM. *Tresca*, ingénieur civil, sous-directeur du Conservatoire des arts et métiers; *Faure*, ingénieur civil, professeur de mécanique à l'Ecole centrale des arts et manufactures, et *Alcan*, ingénieur civil, professeur au Conservatoire des arts et métiers.

Cette roue présente tous les avantages que l'on recherche dans un moteur hydraulique.

D'abord, elle a, sur les roues de côté et à augets, l'avantage de pouvoir dépenser un volume d'eau incomparablement supérieur, à largeur de roue égale, puisqu'elle peut recevoir jusqu'à 1,500 litres par seconde et par mètre de largeur, avantage qui lui permet de rivaliser déjà, sous ce rapport, avec les turbines.

De plus, ce système de roue peut être établi pour dépenser depuis 200 litres jusqu'à 10,000 litres par seconde : il suffit d'une largeur de roue de $0^m,50$ à $0^m,60$ pour une dépense de 200 litres, et d'une largeur de 7 à 8 mètres pour une dépense de 10,000 litres. Disons, toutefois, que, pour obtenir le maximum de rendement dont nous parlons plus loin, il vaut mieux établir la roue pour une dépense de 600 à 700 litres par seconde et par mètre de largeur.

En outre, elle peut marcher, nonobstant les crues d'aval, tant qu'il lui reste seulement le quart de la chute, et cela sans que le rendement soit notablement diminué. Elle est d'ailleurs applicable à presque toutes les chutes ne dépassant pas 4 mètres de hauteur ; et, différente en cela de tous les autres moteurs hydrauliques, son rendement est toujours sensiblement le même, quelles que soient les variations de la chute ou du volume d'eau, et quel que soit le degré de vitesse auquel elle est réglée suivant sa destination. Toutefois, pour de petites chutes de $0^m,30$ à 1 mètre, son rendement est un peu moindre que pour les chutes qui dépassent 1 mètre, pour lesquelles il se rapproche du maximum.

Enfin, au moyen de cette roue, on obtient, suivant les circonstances, un effet utile de 0,80 à 0,93 de l'effet théorique.

Ce rendement, dont l'énoncé semble paradoxal, est un fait constaté par de nombreuses expériences faites au frein, et en opérant, non pas sur l'arbre de la roue hydraulique, mais bien sur des arbres de transmission, faisant jusqu'à 70 tours par minute.

Ce rendement extraordinaire s'explique, si l'on considère que, dans notre système, ainsi qu'on le verra ci-après, il n'y a pas de perte de chute pour l'entrée de l'eau dans la roue, par suite de la disposition des aubes, dans lesquelles l'eau se trouve portée sans éprouver ni contraction, ni dénivellation, pour ainsi dire, ni secousse, de sorte que le niveau du volume d'eau qui pèse sur les aubes se trouve maintenu à la hauteur de la chute, comme celui qui agit sur les turbines.

Pour arriver à ce résultat, nous nous sommes appuyé sur ce principe, que, si l'on plonge un tube dans l'eau, le liquide s'élève dans le tube à mesure qu'on l'immerge, et que la différence qui se manifeste, pendant l'immersion entre le niveau de l'eau extérieure et le niveau de l'eau dans le tube, est d'autant plus grande qu'on l'enfonce plus rapidement. Le calcul, fait d'après les lois de la pesanteur, établit qu'en plongeant le tube avec la vitesse de 1 mètre par seconde, la dépression de l'eau dans le tube sera de $0^m,051$; c'est-à-dire qu'il faut une pression de $0^m,051$ pour produire une vitesse d'écoulement de l'eau de 1 mètre par seconde ; pour des vitesses de $0^m,70$, $0^m,60$, $0^m,50$, les dépressions s'abaisseront à $0^m,025$, $0^m,0183$ et $0^m,01274$, tandis que, pour une vitesse de 2 mètres, la dépression s'élèvera jusqu'à $0^m,204$.

Partant de ce principe, il s'agissait de trouver une disposition telle que l'ensemble de deux aubes consécutives pût être considéré comme un tube rectangulaire plongeant dans le bief d'amont aussi verticalement que possible, de manière que l'eau prît, par ascension, son niveau entre les aubes suivant une vitesse correspondant à une dépression insignifiante, au lieu d'opérer par déversement, comme cela a lieu dans les roues ordinaires.

Il était pratiquement impossible de faire plonger presque verticalement des aubes dans l'eau du bief supérieur ; nous avons donc cherché sous quel angle minimum on pourrait les faire plonger, pour obtenir l'effet voulu, et nous avons trouvé qu'il suffisait d'un angle de 40 à 45 degrés combiné avec une vitesse, à la circonférence de la roue, de $0^m,50$ à $0^m,60$ par seconde.

Toutefois, même dans ces conditions, l'emploi d'aubes droites ordinaires, c'est-à-dire fixées normalement à la circonférence de la roue, nous obligeait à établir la prise d'eau très-fort au-dessous du centre de la roue pour que les aubes fissent avec l'eau du bief d'amont l'angle voulu, ce qui, pour des chutes un peu considérables, eût exigé d'énormes diamètres de roues. Une telle disposition, limitant aux petites chutes l'emploi de notre système, ne pouvait nous donner complète satisfaction.

Cette considération nous amena à construire, pour les chutes supérieures à $0^m,60$, une roue à aubes renversées, comme l'indique la figure 1, de manière à plonger dans l'eau sous un angle assez grand pour ne pas produire de perturbation dans le mouvement de l'eau arrivant sur les aubes ; et, grâce à cette disposition, nous avons pu utiliser des chutes de 4 mètres avec un diamètre de roue n'excédant pas 10 mètres.

Le renversement des aubes, lesquelles entrent ainsi dans l'eau sous un angle d'environ 45 degrés, satisfait pleinement à cette condition de maintenir sur chacune d'elles le niveau de l'eau d'amont à mesure qu'elles s'enfoncent, jusqu'au moment où, arrivées à la tête du coursier ou de la vanne plongeante, elles cessent de prendre de l'eau. Le parcours de la roue de a en b, et celui de l'eau sur l'aube, de b en c, pour la remplir, étant à peu près égaux dans le même temps, et la roue ayant une vitesse à la circonférence de $0^m,70$ par seconde, la dénivellation sera alors au maximum de $0^m,025$. Mais on verra plus loin, qu'en pratique, cette faible perte se réduit encore beaucoup.

Etant résolue la difficulté de prise d'eau sans dénivellation bien sensible, et la sortie de l'eau pouvant s'opérer facilement, on peut augmenter indéfiniment l'épaisseur de la lame d'eau, et par conséquent la dépense, celle-ci étant proportionnelle à la hauteur d'eau dans les aubes. Toutefois, nous limitons généralement cette hauteur de 1 mètre à $1^m,30$, ce qui représente de 500 à 700 litres de dépense par seconde et par mètre de largeur de roue ; et ce n'est que lorsque nous avons de grands volumes d'eau à dépenser que nous donnons une hauteur d'eau, dans les aubes, qui peut atteindre jusqu'à 2 mètres, pour obtenir une dépense de 1,000 à 1,200 litres par seconde et par mètre de largeur de roue, avec une vitesse de 0^m,80 à la circonférence.

Pour utiliser toute la hauteur de chute, il faudrait noyer la roue en aval d'une hauteur égale à celle de l'eau dans les aubes ; mais on est souvent obligé de déroger à ce principe, lorsque les cours d'eau sont variables. Alors, comme il faut tirer le meilleur parti possible des basses eaux pendant l'été, on règle le noyage pour ce cas, tout en donnant aux aubes un excédant de hauteur suffisant pour absorber les eaux d'hiver, qui peuvent quelquefois doubler de volume ; mais alors, l'eau qui occupera cet excédant de hauteur ne donnera pas le même rendement, parce qu'au point où l'eau quitte la partie cintrée du coursier en aval, il se produit une chute brusque de la portion d'eau excédante, ce qui correspond à la perte d'une partie de la chute totale. Toutefois, comme compensation, nous ferons observer que, dans les moments où on a l'eau en abondance, on dispose d'un travail supérieur à celui de l'état normal pour lequel a été établi le moteur, et l'on a moins à tenir compte du rendement, lequel, au surplus, même dans ce cas, n'a jamais été inférieur à 80 pour 100.

On remarquera, en examinant le dessin de la roue (fig. 1), que l'extrémité de l'aube se termine par une aubette de 0^m,10 de hauteur, dont la direction est vers le centre de la roue. Cette disposition n'entre pour rien dans l'effet utile ; elle n'est qu'une simple précaution contre les accidents qui pourraient résulter du passage de quelques corps résistants dans la roue. En effet, si les aubes conservaient, jusqu'à leur extrémité, l'inclinaison que nous leur donnons, il suffirait d'un simple morceau de bois, passant entre les aubes et le coursier, pour produire un arc-boutement de nature à causer de grands dégâts ; tandis que l'aubette, ainsi disposée, peut céder à l'obstacle, et se briser, au besoin, sans qu'il en résulte rien d'autrement fâcheux.

En voyant les aubes ainsi renversées et noyées aussi profondément, on pourrait être porté à croire qu'elles doivent relever l'eau à leur sortie. Il n'en est rien; l'eau, dans les aubes, en aval, suit le courant, sans qu'il s'y manifeste aucune ondulation, et son mouvement est aussi calme, pour ainsi dire, que celui de l'arrivée dans le bief d'amont. Il semblerait même que ce renversement des aubes favoriserait la fuite, tant qu'on ne dépasse pas la vitesse de 1 mètre par seconde à la circonférence; l'eau se dégage d'autant mieux qu'elle met quatre à cinq secondes pour se décharger complétement pendant le parcours de O en P. Remarquons, d'ailleurs, que les aubes, à la sortie, abandonnent d'abord très-peu d'eau dans le fond du coursier, au point O, et qu'elles en abandonnent, progressivement, d'autant plus qu'elles s'avancent vers le point P, où elles l'abandonnent tout à fait. Il en résulte que le mouvement de sortie de l'eau des aubes se trouve en rapport avec le mouvement normal des eaux dans les canaux, où la vitesse est plus grande à la surface que dans le fond. Si, maintenant nous observons comment l'eau entre dans les aubes, au bief d'amont, et comment elle est abandonnée dans le bief d'aval, nous reconnaîtrons qu'elle passe dans la roue en conservant à peu près la même marche qu'elle a dans les deux biefs, puisque, dans ce parcours, les différentes couches de liquide conservent leurs positions relatives, tant dans le canal d'arrivée que dans le canal de fuite, c'est-à-dire que l'eau prise à l'affleurement en amont, occupant le fond des aubes, est déposée à la surface d'aval; de même que celle prise au fond du canal d'amont, qui occupe leur extrémité, est déposée dans le fond du canal d'aval. Nous insistons sur cette particularité, d'autant plus qu'elle tend à démontrer la nécessité de noyer aussi profondément que possible la roue, pour en tirer tout l'avantage que comporte ce système.

Ce que nous venons de dire explique l'absence de tout mouvement tumultueux de l'eau, non-seulement pendant son action sur les aubes, mais encore à la sortie de la roue, contrairement à ce qui se passe avec les roues à augets, ou à aubes dirigées vers le centre, dans lesquelles, indépendamment des chocs et rejaillissements qui se manifestent pendant son action, l'eau, en sortant, va frapper au fond du radier, avant de prendre sa direction d'écoulement, ce qui produit les ondulations et les refoulements que tout le monde a pu observer.

D'après les considérations qui précèdent, et à l'inspection du dessin de la roue (fig. 1), il est facile de comprendre que cet appareil doit donner le plus grand effet utile que l'on puisse obtenir d'une chute et d'un volume d'eau déterminés. Il semble même être le seul qui, jusqu'à ce jour, présente la pratique d'accord avec la théorie.

On peut se rendre compte, à première vue, pourquoi il en est ainsi, par la seule comparaison de notre système avec les roues de côté et à augets.

En effet, dans notre système nous voyons : 1° que la dénivellation est à peine sensible, pour ne pas dire nulle, dans la plupart des cas, ainsi que nous l'expliquerons tout à l'heure ; et, qu'en tout cas, elle est indépendante de l'épaisseur de la lame d'eau amenée sur la roue ; 2° que la pression de toute l'eau s'exerce instantanément sur les aubes.

Dans les roues ordinaires, les choses ne se passent pas de même. Ainsi : 1° on remarque une dénivellation d'autant plus considérable que la lame d'eau introduite est plus épaisse ; et l'on n'est pas toujours maître de réduire cette épaisseur, surtout si l'on a affaire à un grand volume d'eau ; 2° on ne peut savoir au juste en quel point de la roue s'exerce complétement la pression de l'eau : en effet, l'eau arrivant toujours par chute dans les augets ou sur les aubes, il en résulte que, selon la vitesse de la roue, l'eau court, jusqu'à une certaine limite, après elle-même, avant d'agir par son poids; en outre, par suite des chocs qu'elle éprouve au contact des augets ou des aubes, une partie de l'eau rejaillit, et n'agit utilement sur la roue qu'après s'être rassise, c'est-à-dire vers un point plus bas.

Si, maintenant, nous considérons deux causes de pertes d'effet utile communes à l'un et à l'autre système, savoir : le frottement sur les tourillons et la fuite de l'eau entre la roue et les parois du coursier, l'avantage est encore pour le nôtre, dans lequel ces pertes se trouvent réduites autant que possible par suite du peu de vitesse de la roue, et du faible périmètre de fuite, comparé au volume d'eau dépensé; tandis que les roues de côté et à augets présentent, d'une part, une plus grande perte par le frottement des tourbillons, parce qu'elles marchent plus vite ; et d'autre part, une plus grande perte par les fuites d'eau, parce que, prenant l'eau en lame le plus mince possible, et, par suite, sur une très-grande largeur, il s'établit nécessairement un rapport plus considérable entre le périmètre de fuite et le volume d'eau dépensé.

Enfin, ces roues, aussi bien que celles du système Poncelet et les turbines, prennent et rendent l'eau avec des chocs, des bouillonnements et des mouvements tumultueux qui, se produisant nécessairement aux dépens d'une partie de la force motrice, se traduisent par des pertes d'effet utile, dont, malgré leur importance, l'appréciation échappe au calcul. De là les écarts considérables que leurs meilleures applications ont toujours présentés entre l'effet utile obtenu et le travail théorique.

Il n'en est pas de même avec notre système. Les nombreuses expériences au frein qui en ont été faites, sur diverses roues, ont toujours constaté des rendements compris entre 80 et 93 pour 100 du travail théorique.

Parmi ces expériences, nous signalerons principalement, et avec les plus grands détails, celles qui ont été faites le 25 décembre 1861, sur la roue que nous avons établie chez M. Sement, filateur à Serquigny (Eure).

Nous ferons observer, préalablement, que l'annonce par nous d'un rendement qui laissait si fort en arrière les plus forts rendements obtenus jusqu'alors des moteurs hydrauliques, avait naturellement soulevé, contre la possibilité d'un pareil résultat, des préventions, même près d'ingénieurs distingués et des plus compétents sur la matière. Les expériences de Serquigny devaient, pour nous, faire tomber ces préventions, et donner une éclatante consécration à l'efficacité de notre système. On jugera de l'importance que nous y attachons, quand on saura qu'elles ont été faites en présence d'une commission nommée par la Société d'encouragement, et composée de MM. *Tresca*, *Faure* et *Alcan*, assistés d'ingénieurs et industriels essentiellement compétents en matière d'hydraulique, tels que M. *Delaye*, ingénieur constructeur de la roue et de tous les mouvements de la filature; M. *Quinquet*, architecte de la filature; M. *Laforêt*, ingénieur de la Compagnie des glaces de Saint-Gobain; et M. *Lucas*, filateur à Serquigny.

Avant d'entrer dans les détails de ces expériences, nous devons dire qu'elles devaient être suivies d'essais ultérieurs, dans le but de bien préciser certains points, dans l'intérêt de la science. Malheureusement, ces essais qui devaient précéder le rapport de la Commission n'ont pu être faits jusqu'à présent. Mais la difficulté de réunir pour cet objet les membres de la Commission absorbés, chacun de son côté, par d'autres travaux, puis ensuite la mort de M. Faure, semblent devoir ajourner la question, sans que nous puissions prévoir un terme à cet ajournement. Cette circonstance nous détermine à publier nous-même les expériences de Serquigny. Sans doute, comme inventeur intéressé dans la question, nous ne pouvons prétendre donner à nos paroles l'autorité qu'auraient eue celles des éminents ingénieurs que nous avons nommés ; mais, comme il ne s'agit que de faits acquis et bien constatés, nous les présentons avec la certitude de n'être contredit en rien par aucune des personnes qui ont participé ou assisté à la constatation de ces faits.

Des trois épreuves successives qui ont été faites, nous reproduirons seulement les calculs détaillés de la troisième, attendu que, pour celle-ci seulement, le jaugeage de l'eau a été fait par deux méthodes différentes, de manière à avoir un contrôle qui ne laissât subsister aucun doute dans l'esprit de la Commission, et que, d'ailleurs, il s'est présenté une particularité très-intéressante concernant le jaugeage par une vanne de décharge, particularité que nous avions déjà eu mainte occasion de remarquer nous-même, et qui nous avait amené à employer, dans nos différents essais antérieurs, un mode de jaugeage plus certain.

Il est clair, en effet, que si, pendant la marche d'une roue hydraulique, on pouvait connaître exactement le volume d'eau contenu dans chaque aube, on posséderait un moyen de jaugeage plus certain que ceux qui dérivent de l'emploi des formules d'écoulement des liquides, d'autant plus que les auteurs qui ont traité de ces questions ne sont pas rigoureusement d'accord entre eux sur les coefficients de contraction des lames d'eau sortant par des vannes, ou passant par-dessus des déversoirs.

Or, les conditions d'établissement de notre roue, et le calme que l'eau conserve dans les aubes, pendant sa descente du bief d'amont à celui d'aval, permettent d'observer la hauteur de l'eau dans les aubes. Pour la reconnaître exactement, nous avons eu recours à plusieurs moyens que nous indiquons :

1° Un tube en fer-blanc fixé entre deux aubes, et portant sur le côté un tube en verre qui indique le niveau de l'eau dans le tube de fer-blanc. Une petite soupape retient l'eau qui est entrée pendant la submersion du tube, et lorsque celui-ci est sorti à l'aval, à portée de l'observateur, il se trouve retourné de bas en haut : c'est alors que la hauteur de l'eau contenue dans les aubes est indiquée dans le tube en verre que l'on a tout le temps d'observer avant qu'il rentre dans l'eau du bief d'amont.

2° Un flotteur placé entre deux aubes et surmonté d'une tige assez longue pour qu'on puisse en observer le mouvement montant et descendant, le long d'une échelle graduée. Cet appareil, que nous avons indiqué sur la figure 1, fonctionne parfaitement.

3° Enfin le moyen qui paraît le plus certain, c'est de tenir les aubes complétement pleines ; car alors on ne peut plus avoir de doute sur la hauteur d'eau qu'elles contiennent.

On verra plus loin comment il est tenu compte de la déperdition d'eau entre la roue et les parois du coursier, déperdition qui ajoute quelques litres au volume trouvé par les moyens ci-dessus indiqués.

Quand on est bien fixé sur la hauteur d'eau contenue dans les aubes, on peut facilement en calculer le volume, chaque tour de roue représentant un anneau d'eau d'une largeur et d'une épaisseur déterminées, dont on défalque les volumes de fer et bois composant la partie baignée de la charpente de la roue.

Deux épreuves, avec la hauteur de l'eau dans les cubes observée avec le flotteur, pour la première, et avec les aubes

2

pleines, pour la seconde, ont donné un rendement d'environ
93 pour 100, rendement constaté par un frein placé sur
un troisième arbre de transmission marchant à 77,65 révolutions par minute. Bien que la Commission parût persuadée
que le volume d'eau dépensé était jaugé exactement, elle
voulut toutefois, en présence d'un pareil résultat, faire une
contre-épreuve, en jaugeant l'eau par le moyen des formules ordinaires, tant pour avoir un contrôle, que pour
comparer le débit de l'eau sortant d'une vanne de décharge
donné par les formules, avec celui qu'on avait trouvé par
les moyens de jaugeage que nous venons d'indiquer.

Avant qu'il fût procédé à cette contre-épreuve, nous ju-
geâmes utile de faire observer à la Commission que nos expériences personnelles faites sur d'autres roues, nous avaient
démontré qu'il ne fallait pas avoir une confiance absolue dans
les coefficients de contraction employés dans les formules
servant à déterminer la dépense d'eau, et que le jaugeage de
la rivière, au moyen du calcul ordinaire de l'écoulement de
l'eau par une vanne de décharge, se traduirait ici par une
constatation de rendement au frein de *plus de cent pour cent*
de l'effet utile théorique.

Après cette observation, qui n'avait d'autre but que d'a-
vertir la Commission d'un résultat dont nous étions certain
d'avance, on procéda à l'opération, ainsi que nous allons
l'exposer.

La roue étant arrêtée, on ouvrit une vanne de décharge
dont l'ouverture fut réglée de manière à débiter toute la rivière, en maintenant le niveau au repère ; et lorsqu'on se
fut assuré que l'eau se maintenait bien à ce niveau, on
ferma la vanne, et on fit passer toute l'eau sur la roue, en
maintenant de même le niveau de l'eau au repère ; et quand,
après environ dix minutes de marche, le frein fut bien réglé,
on se mit à compter le nombre de tours de l'arbre portant

le frein, et à observer la hauteur d'eau dans les aubes. Après six minutes d'observation sur tous les points, niveaux d'amont et d'aval, vitesse régulière, et frein parfaitement en équilibre, on arrêta la roue, et on rouvrit la vanne de décharge au même degré d'ouverture qu'avant l'épreuve sur la roue. L'eau reprit alors son niveau primitif au repère, et le conserva pendant les quinze minutes qu'on demeura encore à l'observer, pour bien s'assurer de la stabilité du niveau. On était donc aussi certain que possible que le volume d'eau n'avait pas varié pendant la marche de la roue.

Nous allons voir maintenant quels ont été les résultats de cette épreuve.

Prenons d'abord ceux donnés par le jaugeage au moyen de la formule d'écoulement par une vanne de décharge.

Le calcul a été fait d'après les données suivantes :

Levée de la vanne . . . . $0^m,40$
Largeur de la vanne. . . . . $2 ,00$
Hauteur du niveau de repère au-dessus du seuil de la vanne. . . . . $1 ,00$
Coefficient de contraction. . . . . $0 ,65$

D'après ces données, on a pour le volume d'eau dépensé :

$$V = 0,40 \times 2,00 \times 0,65 \sqrt{19,62 \left(1 - \frac{0,40}{2}\right)} = 2060,14 \text{ litres.}$$

La chute observée au moment de l'épreuve étant $2^m,424$, la dépense de $2060^l,14$ correspond à un travail théorique de $4993,77$ kilogrammètres.

Pendant que la formule d'écoulement nous indiquait ce

travail théorique, voyons quelles étaient les indications du frein :

Le bras de levier étant. . . . . 2^m,605
La circonférence développée était donc. . . 16 ,3594
Nombre de tours par minute. . . . . . 70 ,83
Charge rapportée à l'extrémité du frein, y
compris une corde de retenue de 1 ki-
logrammètre. . . . . 267^k,00

Le parcours par seconde à l'extrémité du frein est donc :

$$\frac{16,3594 \times 70,83}{60} = 19^m,312 ;$$

le travail effectif est donc :

$$19,312 \times 267 = 5156,30 \text{ kilogrammètres.}$$

Comparant le travail effectif indiqué par le frein avec le travail théorique donné par la formule, nous avons $\frac{5156,30}{4993,77} = 103,25$ pour 100 du travail théorique : *résultat absurde.*

Or, comme l'expérience par le frein ne peut laisser aucun doute sur son exactitude, il faut bien, ainsi que nous l'avions dit, reconnaître que c'est la formule qui est en défaut ; et elle ne peut l'être que sur un point, qui est le coefficient de contraction. Nous verrons plus loin que d'autres expérimentateurs, opérant sur une de nos roues, se sont crus obligés de changer ce coefficient, pour ne pas rencontrer, de la même manière, des résultats absurdes.

Maintenant que nous pouvons être édifiés sur le jaugeage par la formule d'écoulement, nous allons montrer les résultats donnés par le jaugeage de l'eau dans les aubes.

Pour reconnaître la hauteur d'eau dans les aubes, on a

d'abord employé le second des moyens indiqués plus haut, c'est-à-dire un flotteur placé entre deux aubes consécutives. Le zéro de l'échelle se trouvait à $0^m,95$ de l'extrémité des aubes supposées dirigées suivant un rayon de la roue. Il n'y avait aucune réduction à opérer sur cette hauteur de $0^m,95$. Quant à l'échelle du flotteur placée au-dessus du zéro, qui se trouve placée suivant la direction réelle des aubes, c'est-à-dire suivant la tangente à un cercle de $1^m,75$ de rayon, concentrique à la roue, il fallait faire la réduction pour en ramener les indications au cas d'une direction suivant un rayon de la roue. Celui-ci étant de $4^m,50$, le coefficient de réduction est de $0,921$.

L'observation ayant donné $0^m,19$ à l'échelle au-dessus du zéro, la hauteur totale de l'eau observée dans les aubes est

$$0^m,95 + (0^m,19 \times 0,921) = 0^m,95 + 0^m,175 = 1^m,125;$$

Le diamètre de la roue étant de $9^m,00$, le diamètre moyen de l'anneau d'eau est :

$$9^m,00 - 1^m,125 = 7^m,875;$$

La roue ayant une largeur de $4^m,26$, le volume d'eau par tour de roue est :

$$7,875 \times 3,14 \times 4,26 \times 1,125 = 118,50 \text{ mètres cubes.}$$

De ce volume, il convient de déduire les parties d'aubes, coyaux et jantes baignés pendant la marche, et d'y ajouter les pertes d'eau entre la roue et les parois du coursier.

L'épaisseur des aubes est de $0^m,025$; leur longueur baignée est, en raison de leur inclinaison, plus grande que l'épaisseur $1^m,125$ de l'anneau d'eau. Cette longueur est égale à $\frac{1,125}{0,921} = 1^m,2215$. Le volume total des 90 aubes que porte la roue est donc :

$$1,2215 \times 0,025 \times 4,26 \times 90 = 11^{m3},7084, \text{ ci.} \ldots \quad 11^{m3},7084$$

Les coyaux simples, au nombre de 450, sont formés de cornières développant $0^m,11$ de largeur sur $0^m,007$ d'épaisseur ; leur longueur baignée est, comme celle des aubes, de $1^m,2215$, ce qui donne, pour volume total :

$$0,11 \times 0,007 \times 1,2215 \times 450 = 0^{m3},4232$$

à quoi il faut ajouter : 1° les parties excédantes des 50 maîtres coyaux qui sont $0^m,18$ sur $0^m,008$. L'ensemble de cet excédant est :

$$0,18 \times 0,008 \times 1,2215 \times 50 = 0^{m3},0879$$

2° 450 platines de recouvrement des aubes de $0^m,04$ de largeur sur $0^m,003$ d'épaisseur, lesquelles, avec la même longueur $1^m,2215$, donnent :

$$0,04 \times 0,003 \times 1,2215 \times 450 = 0^{m3},0670$$
$$\text{Ensemble.} \ . \ . \ 0^{m3},5781, \text{ ci.} \ . \quad 0^{m3},5781$$

Les 10 jantes en fer qui enchaînent les aubes ont $0^m,07$ de largeur sur $0^m,012$ d'épaisseur ; elles développent ensemble 283 mètres, ce qui donne :

$$283 \times 0,07 \times 0,012 = 0,2377, \text{ ci.} \ . \ . \ . \quad 0^{m3},2377$$
$$\text{Total à déduire.} \ . \ . \ . \ . \quad 12^{m3},5239$$

Déduisant ce volume de $118^{m3},50$, l'on a un volume de

105^m,9761 par tour de roue. La roue ayant fait en moyenne 12,770 tours par minute, on a pour le volume d'eau par seconde $\frac{105,9761 \times 1,2770}{60} = 2^{m3},25552$ ou 2255,52 litres, auxquels il faut ajouter la perte par le jeu entre les aubes et le coursier.

Le périmètre de fuite se compose de 4^m,27 pour la largeur du coursier, et de deux fois 1^m,125 pour les deux côtés des bajoyers, ce qui donne un total de 6^m,52.

La différence de niveau d'une aube à l'autre, au flotteur, était de 0^m,10, ce qui correspond à une vitesse d'écoulement de 1^m,40 par seconde.

Le jeu entre la roue et les parois du coursier étant de 0^m,005, et prenant le coefficient de contraction 0,64, nous avons pour le volume d'eau perdu par seconde :

$$6,52 \times 0,005 \times 1,40 \times 0,64 = 0^{m3},02921, \text{ ou } 29,21 \text{ litres.}$$

Cette quantité, ajoutée à 2255,52 litres trouvés ci-dessus, donne un volume total de 2284,73 litres par seconde.

On voit que la méthode de jaugeage d'eau dans les aubes accuse une dépense de $\frac{1}{9}$ de plus que celle accusée par la formule d'écoulement par une vanne de décharge.

Si maintenant nous exprimons en kilogrammètres le travail théorique produit par cette dépense, avec la même chute de 2^m,424, nous trouvons :

$$2284,73 \times 2,424 = 5538,18 \text{ kilogrammètres.}$$

Le travail effectif, accusé par le frein, étant, comme on l'a vu, de 5156,30 kilogrammètres, le rendement ou effet utile est :

$$\frac{5156,30}{5538,18} = 0,93104.$$

On voit qu'ici nous n'obtenons plus un rendement supérieur au travail théorique, comme l'avait donné l'emploi de la formule d'écoulement.

Nous ferons observer, d'ailleurs, que ce rendement de 93 pour 100 a été trouvé non sur l'arbre de la roue hydraulique, mais bien sur un troisième arbre de transmission faisant 70,83 révolutions par minute, nombre correspondant à 55,4666 révolutions par chaque tour de la roue.

Nous mentionnons cette relation entre un tour de la roue et le nombre de tours de l'arbre sur lequel est appliqué le frein, parce qu'elle peut dispenser de compter rigoureusement le nombre de tours au frein par minute. En effet, puisque c'est la roue elle-même qui, dans ce système, règle la dépense d'eau, suivant qu'elle marche plus ou moins vite, et que, pour chaque tour de roue, on connaît le volume d'eau qui a été dépensé, on sait qu'à chaque tour de roue, l'arbre du frein en a fait 55,4666 avec une dépense d'eau déterminée, laquelle, pour l'épreuve que nous venons de décrire, était de 105,9761 mètres cubes, et l'on peut, sur ces données, calculer le rendement effectif.

Le rendement de 93 pour 100, malgré les transmissions nécessaires pour arriver de 1,277 à 70,83 révolutions par minute, paraît, au premier abord, excessif, sinon impossible; nous allons le justifier en analysant les pertes de travail, tant dans la roue que dans les transmissions, par des calculs assez simples.

Les pertes de travail s'établissent par les données suivantes :

Chute observée pendant l'épreuve. . . .	2^m,424
Hauteur d'eau dans les aubes.	1 ,125
Diamètre de la roue hydraulique.	9 ,000
Largeur de la roue, aux aubes.	4 ,260
Largeur du coursier.	4 ,270

Jeu entre la roue et le coursier. . . . . 0^m,005

Nombre de tours de la roue par minute. . . . . . . 1 ,277

Nombre de tours du frein par tour de la
  roue hydraulique. . . . . 55 ,4666

Nombre de tours du frein par minute. . . . . . . 70 ,830

Nombre de tours du frein pendant l'épreuve
  de 6 minutes. . . . . 425 ,000

Longueur du levier du frein. . . . . 2^m,605

Charge à l'extrémité du levier. . . . . 267^k,000

Poids de la roue et du premier engrenage. 40000 ,000

Diamètre des tourillons de la roue. . . . . . . 0^m,250

Volume d'eau dépensé par seconde. . . . . 2284^l,730

Volume trouvé par la formule. . . . . 2060 ,140

§ 1. *Pertes de travail dans la roue.*

Les pertes de travail dans la roue sont dues à quatre causes principales :

1° La fuite de l'eau par le jeu entre le coursier et les aubes (fond et côtés) ;

2° La dénivellation, si faible qu'elle soit, que l'eau éprouve à son entrée dans les aubes ;

3° Le frottement des tourillons ;

4° Le poids de l'eau retenue et entraînée par les aubes, au sortir de l'eau.

Déterminons les quantités du travail perdu par ces quatre causes :

1° Pour la perte résultant de la fuite de l'eau par le jeu entre les aubes et le coursier, nous avons vu précédemment que la déperdition d'eau est de 29^l,21 par seconde, lesquels, multipliés par 2^m,424 (hauteur de la chute), produisent 70^{km},8050, ci. . . . . 70^{m},8050

2° La perte par dénivellation s'exprime au moyen de cette considération, que la roue marchant à une vitesse de 0^m,60 par seconde à la circonférence, et que l'eau entrant à peu près avec la même vitesse dans les aubes, la dénivellation doit être égale à la hauteur de charge d'eau qui produirait cette vitesse de 0^m,60 ; cette hauteur est donnée par la formule

$$= \frac{V^2}{2g} = \frac{0,60^2}{19,62} = 0,0183.$$

La perte est donc représentée par cette hauteur multipliée par le volume d'eau, soit 0,0183 × 2284,73 = 41^{km},8105, ci.   41^{km},8105

Il y a lieu de faire observer que la dénivellation ne se manifesterait complétement qu'autant que l'eau arriverait sans vitesse contre les aubes ; mais comme elle est animée d'une vitesse acquise se rapprochant plus ou moins de celle avec laquelle elle se loge dans les aubes, il en résulte que, non-seulement la dénivellation peut ne pas atteindre le chiffre donné par les calculs, mais qu'il peut y avoir même refoulement sur l'aube, de manière à produire un exhaussement d'eau supérieur au niveau de l'eau d'amont. On peut même admettre que, par suite de l'inclinaison des aubes, qui se présentent en face de la prise d'eau sous un angle d'environ 45 degrés, il s'exerce contre elles un

A reporter.   112^{km},6155

effort, dans le sens du mouvement de la roue, dû à la décomposition de la force d'impulsion de l'eau du bief d'amont, qui agirait d'abord comme celle de l'air sur la volée d'un moulin à vent, ainsi que l'indiquent les deux flèches figurées à la prise d'eau, sur la figure 1.

On pourrait donc négliger ici la perte due à la dénivellation. Toutefois, comme il y a deux causes de perte d'effet que nous n'avons pas signalées, vu leur peu d'importance, lesquelles sont le frottement de l'eau dans le fond et sur les côtés du coursier, ainsi que le frottement de l'eau sur les aubes pendant son introduction, nous maintiendrons, comme compensation de ces pertes, celle due à la dénivellation calculée comme ci-dessus.

3° Pour calculer la perte par le frottement, nous multiplierons par le coefficient de frottement 0,05, la pression exercée sur les tourillons par le poids de la roue qui est de 40,000 kilogrammes. Nous avons donc, pour valeur du frottement,

$$0,05 \times 40,000 \text{ kilogr.} = 2,000 \text{ kilogr.}$$

Le diamètre des tourillons étant 0,25, et la roue faisant 1,277 révolutions par minute, le chemin parcouru par la circonférence des tourillons, pendant une seconde, sera

$$\frac{0,25 = 3,14 \times 1,277}{60} = 0,0167074,$$

Et la perte par le frottement de tourillons
est 2,000^k × 0,0167074 = 33^{km},4148, ci   33^{km},4148

4° La quatrième cause de perte, qui est
le poids de l'eau retenue par les aubes en
sortant du bief d'aval, peut s'apprécier d'une
manière assez exacte, par les considérations
suivantes :

On remarque que, pendant la marche de
la roue, par suite de l'inclinaison des aubes,
particulière à ce système, l'eau qui mouille
la face supérieure d'une aube à sa sortie
de l'eau en aval n'a pas le temps de s'é-
goutter tout à fait par le bord extérieur, et
qu'une partie est enlevée à une certaine hauteur au-dessus du point où l'aube se trouve
horizontale, d'où elle retombe, en sautillant,
sous forme de gouttières, d'une aube sur
l'autre, par le bord intérieur. Le volume
d'eau ainsi élevé sur huit à neuf aubes consécutives, à leur sortie du coursier, peut
s'évaluer, tout au plus, à 0^m,01 d'épaisseur
sur toute la surface de k à l (fig. 1) ; soit
environ 2 mètres de longueur, sur 4^m,26 de
largeur, ce qui donne

$$2^m,00 \times 4,26 \times 0,01 = 85,20 \text{ litres.}$$

Le centre de figure de cette nappe d'eau se
trouve à peu près à 2^m,50 de la verticale passant par l'axe de la roue, de sorte qu'on peut
considérer ce poids de 85,20 kilogrammes

A reporter. 146^{km},0503

comme celui d'un frein, dont le levier aurait 2,50 de longueur, appliqué sur l'arbre
de la roue, ce qui donnerait pour une seconde :

$$\frac{2,50 \times 6,28 \times 1,277}{60} \times 85,20 = 28^{km},4694$$

à quoi l'on peut ajouter, pour les
gouttières qui tombent dans le
reste du parcours de la roue,
environ. 10   5003

Ensemble. . . 38^{km},9697 ci 38^{km},9697

Nous avons donc, pour toutes les pertes
de la roue en kilogrammètres. . . . . . . 185^{km},0000

Ce qui, comparé à l'effet théorique, donne

$$\frac{185}{5538,18} = 0,0334 \text{ ou } 3,34 \text{ pour } 100.$$

Il y aurait donc sur l'arbre de la roue un effet utile de

$$100 - 3,34 = 96,66 \text{ pour } 100.$$

§ 2. *Pertes de travail par les transmissions d'engrenages.*

Ces pertes se réduisent au frottement des tourillons des
trois arbres de transmission, jusques et compris celui sur
lequel le frein a été appliqué. Nous considérons comme
insignifiante la perte due à l'engrènement. La pratique et
diverses expériences nous ont démontré qu'elle pouvait être
ainsi considérée dans des mouvements convenablement
combinés, avec des dents bien divisées : ce qui est, du

reste, confirmé ici par les calculs que nous allons faire des pertes dues au frottement des tourillons des trois arbres composant la transmission mue par notre roue.

1° Perte par le frottement des tourillons du premier arbre.

La pression sur les tourillons se compose du poids de l'arbre et de son équipage, et de la pression exercée sur les dents du pignon.

Le poids de l'arbre et de son équipage est de 10,000 kilogrammes.

Pour la pression exercée sur les dents du pignon, nous l'établissons par les considérations suivantes :

En déduisant du travail théorique les pertes par la roue, établies précédemment, nous trouvons qu'il est transmis au premier arbre un travail de $5,538^{km},18 — 185^{km} = 5,353^{km},18$.

L'arbre faisant 4,427 révolutions par minute, et le diamètre primitif du pignon étant 1,327, le chemin parcouru, pendant une seconde, par le cercle primitif du pignon, est :

$$\frac{4,427 \times 1,327 \times 3,14}{60} = 0,307437.$$

La pression sur les dents est donc

$$\frac{5353,18}{0,307437} = 17412 \text{ kilogr.}$$

Le frottement des tourillons est donc, en prenant le coefficient de frottement 0,05,

$$0,05 (10000 + 17412) = 1370^k,60.$$

Le diamètre des tourillons étant $0^m,18$, le chemin parcouru par la circonférence, pendant une seconde, est :

$$\frac{0,18 \times 3,14 \times 4,427}{60} = 0,0417,$$

et la perte par le frottement de ces tourillons est :

$$1370,60 \times 0,0417 = 57^{km},1540, \text{ ci}. \qquad 57^{km},1540$$

Cette perte, comparée à l'effet théorique, donne

$$\frac{57,1540}{5538,18} = 0,01032, \text{ ou } 1,032 \text{ pour } 100.$$

2° Perte par le frottement des tourillons du deuxième arbre.

Pour le deuxième arbre, nous n'avons pas à tenir compte de la pression exercée sur les dents du pignon, par la raison que ce pignon étant engrené par-dessous, suivant la ligne verticale qui passe par son axe et celui de la roue qui engrène avec lui, cette pression n'a aucune influence sur les tourillons du deuxième arbre.

La pression exercée sur ces tourillons se borne donc au poids de l'arbre et de son équipage qui est de 4,500 kilogrammes.

En prenant 0,05 pour coefficient, le frottement des tourillons est

$$0,05 \times 4500 = 225 \text{ kilogr.}$$

Le diamètre des tourillons étant 0ᵐ,16 et l'arbre faisant 17,7077 tours par minute, le chemin parcouru par la circonférence est

$$\frac{0,16 \times 3,14 \times 17,7077}{60} = 0,14827,$$

et la perte par le frottement de ces tourillons est :

$$225 \times 0,14827 = 33^{km},3607, \text{ ci}. \quad \underline{\quad 33^{km},3607}$$

$$\textit{A reporter.} \quad 90^{km},5147$$

Cette perte, comparée au travail théorique, donne

$$\frac{33,3607}{5538,18} = 0,00602, \text{ ou } 0,602 \text{ pour } 100.$$

3° Perte par le frottement des tourillons du troisième arbre.

La pression sur les tourillons se compose du poids de l'arbre et de son équipage, et de la pression exercée sur les dents du pignon.

Le poids de l'arbre et de son équipage se compose comme suit :

Poids de l'arbre.	720^k,00	
— du pignon.	400 ,00	
— de la poulie du frein. .	350 ,00	
— de la charge du frein.	267 ,00	
— du levier et accessoires.	200 ,00	
Ensemble. . .	1937^k,00	

Pour la pression exercée sur les dents du pignon, nous l'établirons de la même manière que pour le premier arbre.

En déduisant du travail théorique les pertes par la roue et par les deux premiers arbres, nous trouvons qu'il est transmis au troisième arbre un travail de

$$5538,18 - (185 + 57,1540 + 33,3607)$$
$$= 5262,6653.$$

L'arbre faisant 70,83 révolutions par minute, et le diamètre primitif du pignon étant

A reporter. 90^{km},5147

1 mètre, le chemin parcouru, pendant une seconde, par le cercle primitif du pignon, est

$$\frac{70,83 \times 1,00 \times 3,14}{60} = 3,70677.$$

La pression sur les dents est donc

$$\frac{5262,6653}{3,70677} = 1419^k,74.$$

En prenant le coefficient 0,05, le frottement des tourillons est

$$0,05(1937 + 1419,74) = 167,8370.$$

Le diamètre des tourillons étant 0^m,15, l'arbre faisant 70,83 tours par minute, le chemin parcouru par la circonférence des tourillons est

$$\frac{0,15 \times 3,14 \times 70,83}{60} = 0,556,$$

et la perte par le frottement de ces tourillons est donc

$$167,8370 \times 0,556 = 93^{km},3174, \text{ ci} \qquad 93^{km},3174$$

Cette perte, comparée au travail théorique, donne

$$\frac{93,3174}{5539,18} = 0,01685, \text{ où } 1,685 \text{ pour } 100.$$

La perte totale par les transmissions est donc de . . . . 183^{km},8321
ou 3,319 pour 100 du travail théorique.

3

Récapitulant ces résultats, nous trouvons, pour le travail théorique, 5538^{km},1800 ou 100.

1° Effet utile constaté par le frein.	5156^{km},3000 ou	93,104
2° Pertes par la roue.	185 ,0000 —	3,340
3° — par les transmissions. .	183 ,8321 —	3,319
4° — inconnues	13 ,0479 —	0,237

Somme égale. 5538^{km},1800 ou 100,000

Comme on le voit, la différence donnée par les calculs est un peu plus de 2 millièmes, elle est donc tout à fait insignifiante, et le rendement trouvé se trouve justifié par les calculs.

On a souvent objecté, contre ce système de roues, que l'avantage résultant du mode d'introduction de l'eau se trouverait absorbé par l'obligation de multiplier les engrenages, pour arriver à donner aux machines mues par la roue la vitesse qu'elles recevraient plus directement avec les autres moteurs hydrauliques à marche plus rapide. Mais, ainsi que nous l'avons fait observer plus haut, l'essai au frein a été fait sur un arbre marchant à 70,83 tours par minute. Ainsi l'objection tombe complétement devant le résultat obtenu ; et, si le frein eût été placé ailleurs que sur le troisième arbre, les résultats eussent été supérieurs.

Ainsi, le frein placé sur le deuxième arbre eût donné environ 95 pour 100 ; sur le premier arbre, 95 1/2 pour 100, et sur l'arbre de la roue hydraulique, 96 1/2 pour 100.

On voit que le point important à établir pour déterminer le véritable rendement, c'est la quantité réelle d'eau dépensée. Aussi il nous avait paru intéressant de présenter à la commission une contre-épreuve vérificative de l'exactitude du jaugeage dans les aubes au moyen du flotteur. A cet effet, après la première épreuve faite par la commission, nous en disposâmes une seconde, avec les aubes entièrement pleines; et, bien que la crainte d'accidents ne nous ait pas permis de faire durer cette seconde épreuve tout le temps qui aurait été nécessaire, on ne pouvait avoir de doutes sur le volume d'eau dépensé par tour de roue, ainsi que nous allons le faire voir.

L'épaisseur de la couronne formée autour de la roue par l'ensemble des aubes est de 1^m,50; ce serait celle de l'eau également, s'il n'y avait à défalquer, de la capacité de chaque aube, le petit triangle efg (fig. 2), qui reste vide dans le fond de l'aube, quand elle commence à baver dans l'intérieur de la roue en e et en g. La défalcation de ce triangle réduit l'épaisseur de l'eau autour de la roue à 1^m,42. Nous avons ainsi, pour 1,40 tour de roue par minute, un volume de 3024 litres, compris la perte d'environ 30 litres qui a lieu par le fond et les côtés du coursier.

Pour cette épreuve, comme pour la première et la troisième, le rendement a été d'environ 93 pour 100, ainsi qu'on peut le voir par le tableau ci-après, sur lequel sont consignés les données et les résultats des trois épreuves faites.

Tableau des trois épreuves faites sur la roue hydraulique de M. Sement, à Serquigny.

		1	2	3
NUMÉROS DES ÉPREUVES.		1	2	3
HAUTEUR DE CHUTE.	m.	2,40	2,38	2,431
DIAMÈTRE DE LA ROUE.	m.	9,00	9,00	9,00
LARGEUR DE LA ROUE.	m.	4,36	4,36	4,36
HAUTEUR D'EAU dans la roue.	m.	1,347	1,430	1,125
LONGUEUR BAIGNÉE des aubes renversées.	m.	1,3540	1,5418	1,3215
VOLUME DES PARTIES baignées.	m³.	13,8563	15,7456	12,5389
NOMBRE DE TOURS de la roue.		1,40	1,40	1,277
NOMBRE DE TOURS du frein.		77,65	77,65	70,83
LONGUEUR DU LEVIER du frein.	m.	2,605	2,605	2,605
CHARGE DU FREIN.	kil.	287	310	267
VOLUME D'EAU DÉPENSÉ par seconde.	m³.	2724,13	3024,00	2284,73
TRAVAIL THÉORIQUE en kilogrammètres.		6537,60	7197,12	5538,18
EFFET UTILE en kilogrammètres.		6076,31	6690,99	5156,30
TRAVAIL THÉORIQUE en chevaux-vapeur.		87,17	95,96	73,84
EFFET UTILE en chevaux-vapeur.		81,00	89,30	68,75
EFFET UTILE comparé au travail théorique.		0,9296	0,9296	0,93104
VITESSE à la circonférence de la roue.	m.	0,66	0,66	0,60

Nous ferons observer qu'au volume d'eau déterminé par les données du tableau nous avons ajouté environ 30 litres à chaque épreuve, pour tenir compte de la perte d'eau par le jeu entre la roue et les parois du coursier.

Nous devons faire remarquer, de plus, qu'il est porté, pour la deuxième épreuve, une charge de 316 kilogrammes sur le frein, tandis qu'en fait nous n'avions pu, faute de poids, mettre plus de 306 kilogrammes ; mais cette charge était insuffisante, et le frein eût été entraîné dans le mouvement de rotation, sans la traverse de sûreté contre laquelle il restait tendu, et dont nous ne pouvions le séparer qu'avec un effort d'au moins 10 kilogrammes, que nous pouvons, avec toute exactitude, ajouter aux 306 kilogrammes ci-dessus. Au surplus, en n'admettant même que 306 kilogrammes, on aurait encore un rendement de 90 pour 100.

Les expériences faites à Serquigny sont donc venues confirmer d'une manière éclatante la théorie de notre roue, ainsi que les résultats annoncés par nous.

On nous permettra de citer, comme complément de confirmation, les résultats trouvés dans les diverses expériences qui ont été faites sur plusieurs roues de notre système.

Quelques jours après les épreuves de la roue de M. Sement, une semblable épreuve se faisait chez M. le marquis de Croix, à Serquigny, dans l'un de ses établissements de filature, exploité par M. Lucas. C'est en présence de M. l'ingénieur des ponts et chaussées de l'arrondissement de Bernay qu'eut lieu cette épreuve, dans laquelle on a constaté un rendement de 92 pour 100, sur un arbre marchant à 45 tours par minute.

La roue se trouvait à peu près dans les mêmes conditions de chute que celle de M. Sement. Elle avait le même diamètre ; mais sa largeur n'était que de 1^m,60, et sa vitesse à la circonférence était de 0^m,85 par seconde. Malgré sa faible largeur, elle produisait un travail de 40 chevaux-vapeur.

A Amiens, une roue de ce système a été, en 1856, essayée par M. de Marsilly, ingénieur des mines, assisté de M. Delaye, ingénieur constructeur, et elle a donné, à très-peu près, le même résultat sur un arbre marchant à 45 tours par minute. Ce rendement a paru tellement extraordinaire à l'éminent ingénieur, qu'il se proposait de faire, avant de se prononcer sur le mérite de ce système, d'autres essais, afin de dissiper les doutes qui s'étaient élevés dans son esprit. Mais ces essais ont été ajournés jusqu'à présent, et cet ajournement nous prive d'un rapport sur lequel nous fondions une légitime espérance, pour donner une autorité suffisante à nos affirmations sur l'efficacité de notre système.

Un essai a été fait aussi, en 1863, à Châlons-sur-Marne, par le directeur de l'Ecole des arts et métiers de cette ville, sur une roue de notre système construite par M. Chenneval, constructeur mécanicien à Compiègne. Mais les expérimentateurs, ayant jaugé l'eau sur une vanne de décharge, ont, comme cela est arrivé, avec ce mode de jaugeage, pour la roue de M. Sement, obtenu des résultats supérieurs à 100 pour 100. N'ayant pas reçu d'avis préalable des essais qu'on devait faire, nous n'avons pu faire procéder au jaugeage par le volume d'eau dans les aubes, lequel eût certainement indiqué le rendement réel.

Les expérimentateurs, certains de l'exactitude des résultats donnés par le frein, se sont déterminés à modifier arbitrairement le coefficient de contraction pour le calcul du volume d'eau dépensé; mais, par suite de cette modification, ils ne se sont pas considérés comme suffisamment autorisés à publier un rapport de leurs expériences. Toutefois M. le directeur de l'Ecole des arts et métiers de Châlons a bien voulu nous adresser la lettre suivante qui en contient le compte rendu :

« Monsieur,

« Le rendement de la roue que M. Chenneval a montée dans nos environs, a donné au frein des résultats tout à fait remarquables, et qui montrent le peu d'exactitude des coefficients de contraction employés ordinairement dans les jaugeages. Mon opinion est que votre roue rend, au minimum, 92 pour 100 du travail absolu. Je me propose de répéter et de suivre les essais que j'ai déjà faits.

« Je vous saurais gré, si vous vouliez bien, dès aujourd'hui, et en attendant la publication que vous préparez, me faire parvenir le tracé pratique de vos aubes, et la théorie sur laquelle vous appuyez vos constructions. Peut-être ces indications, mentionnées dans nos leçons de mécanique, vous seront-elles utiles.

« Voici les chiffres de nos expériences :

27 juin 1863.

Levée de la vanne	0^m,084
Largeur	1 ,400
Charge sur le centre de l'orifice	1 ,210
Débit avec le coefficient 0,70	385^l,000
Hauteur de chute	1^m,515

Force brute = $385 \times 1{,}515 = 7^{ch}{,}8$.

Expérience au frein :

Bras du frein	4^m,00
Poids	56^k,00
Nombre de tours	23

Travail effectif, 7^{ch},2.

Le travail étant 7^{ch},8, le rendement est égal à $\frac{7,2}{7,8} = 0{,}923$.

Le frein était placé sur l'arbre vertical du grand rouet. La marche du frein a été de près de deux heures.

Deuxième expérience du 28 juin :

Levée de la vanne. . . . . 0^m,085
Largeur. . . . . 1 ,400
Charge sur le centre. . . . . 1 ,203
Le coefficient étant encore supposé
  égal à. . . . . 0 ,70
Le débit est de. . . . . 405^l,00

La chute étant encore de 1^m,515, le travail sera $\dfrac{405 \times 1,515}{75}$
$= 8^{ch},2.$

Essai au frein :

Poids de. . . . . 50^k,00
Nombre de tours par minute. . . . 28
Travail effectif, 7^{ch},815.

Rapport $\dfrac{7,815}{8,2} = 0,953$ de rendement.

« Veuillez agréer mes bien empressées salutations.

« Le Directeur de l'Ecole,
«Guy, »

« Il est à remarquer que, pour arriver à un résultat qui soit dans les limites du possible de 92 et 95 pour 100 de rendement, on a été obligé d'admettre 0,70 pour coefficient de contraction ; tandis que, dans les conditions où l'on était, on prend ordinairement celui de 0,64, qui alors eût donné les résultats impossibles de 102 pour 100 pour la première épreuve, et 105 pour 100 pour la seconde. »

Nous citerons encore les essais qui ont été faits, en 1854, sur une roue établie à Yvré-l'Evêque, près Le Mans (Sarthe). Ces essais ont été faits par MM. De Hennezel, ingénieur en chef des mines, et Leblanc, ingénieur des ponts et chaussées.

Les résultats obtenus sont des plus remarquables, eu égard à la faible hauteur de chute (1 mètre) et au volume considérable d'eau dépensé par la roue, lequel était de

6,600 litres pour une largeur de roue de 6 mètres, soit
1,100 litres par seconde et par mètre de largeur de roue.
Avec cet énorme volume d'eau, dans des aubes de près
de 2 mètres de profondeur, plongeant en aval de 1^m,60 à
l'état normal de la chute, on a obtenu des rendements de 82
à 86 pour 100. Ce résultat a été consigné par M. Leblanc,
dans un mémoire inséré dans les *Annales des ponts et chaussées*, en 1856, article 194.

On voit, par cet exemple, que le grand noyage de la roue
n'exerce aucune influence contraire au rendement; et ce
qui le prouve d'ailleurs, c'est que, dans les grandes crues,
la roue que nous venons de citer tourne encore très-bien,
même quand le gonflement des eaux, en aval, atteint 2^m,20,
cas dans lequel la chute se trouve être réduite à 0^m,70, y
compris 0^m,30 de surélévation en amont. Dans ces circonstances, elle enlève encore toute la charge de la filature
qu'elle est destinée à faire mouvoir, sauf deux ou trois car-
des qui restent au repos, ce qui porte à croire que le rendement n'est pas notablement diminué. (Voir la note A,
page 46.)

La roue de M. Sement a montré plus d'une fois qu'elle
présente le même avantage. Elle a souvent tourné dans des
temps de crue, avec un excédant de noyage de 1^m,30 sur
le noyage normal, qui est de 0^m,90, soit avec un noyage
total de 2^m,20, alors que toutes les autres usines de la val-
lée se trouvaient arrêtées par le noyage.

Une roue que nous avons établie chez M. Leclerc, à Vil-
lers Saint-Paul, près de Creil, sur un affluent de l'Oise,
cesse de tourner utilement quand la chute, qui est normalement de 2,25, se trouve réduite à 0^m,30. Mais, alors
encore, il reste une force suffisante pour faire marcher une
des cinq paires de meules dont se compose l'usine, ainsi
que tout le mécanisme du moulin. Dans cette condition de

regorgement de l'Oise dans la roue, qui dure quelquefois plusieurs mois pendant la saison des pluies, il y a en tout 2m,50 de noyage. La dépense d'eau maximum étant de 1,400 litres par seconde, on établit, par le travail produit dans ces conditions, que le rendement peut être encore d'environ 75 pour 100.

Une autre roue établie à Pont-l'Evêque, près de Noyon, sur un affluent de l'Oise, en remplacement d'une turbine, a obtenu sur celle-ci de très-grands avantages, principalement dans les temps de crues.

En citant ces différents exemples, nous avons voulu établir que notre système de roue n'est pas d'une application si récente que pourrait le faire supposer l'absence de retentissement de résultats si remarquables constatés depuis plusieurs années. Il n'a pas tenu à nous que ces résultats fussent l'objet d'une notoriété plus étendue. Mais il en est souvent ainsi des systèmes nouveaux, quand ils viennent, comme le nôtre, avec la prétention, même justifiée, d'élargir des limites que la science regardait comme ne pouvant guère être franchies, et de rectifier certains énoncés considérés jusqu'alors comme constituant, pour la matière, des règles en quelque sorte invariables.

On ne s'étonnera pas, d'après cela, que ce système de roues, dont il y a plus de vingt ans, nous avions établi toute la théorie, telle que nous venons de l'exposer, ait été présenté par nous, pendant dix ans, à tous les industriels susceptibles d'en tenter l'application, que nous avons pu rencontrer, sans qu'aucun d'eux ait pu ou voulu nous comprendre. Nous avons même plusieurs fois offert de participer nous-même pour une large part, dans les premiers frais : nos explications et nos offres étaient venues échouer devant une méfiance qui s'appuyait sur ce que nous présentions des résultats dépassant de trop loin ceux admis et consa-

erés par les seules applications connues des moteurs hydrauliques, résultats que l'esprit de routine, il faut bien le
dire, s'obstinait à nier malgré la large marge que laissaient
pourtant, à des applications nouvelles, les écarts énormes
constatés entre le travail effectif des moteurs et le travail
absolu des chutes d'eau dont ils prétendaient tirer tout le
parti possible.

Ce n'est qu'après dix ans de vains efforts que nous avons
enfin rencontré M. Queste, meunier à Ronquerolles, près
de Clermont (Oise), lequel, avec sa vieille expérience, et
sans cependant pouvoir bien se rendre compte mathéma-
tiquement des effets qu'on pouvait attendre du nouveau
mode d'introduction d'eau dans la roue, en eut cependant
une intuition suffisante pour ne pas hésiter, et cela malgré
les conseils contraires qui ne lui ont pas manqué de la part
de personnes passant pour très-compétentes, pour ne pas
hésiter, disons-nous, à en faire en toute confiance la première application dans un de ses moulins.

La chute était de 0ᵐ,90 et le volume d'eau de 700 à
800 litres par seconde.

L'ancienne roue (roue de côté) avait 4 mètres de largeur
sur 4ᵐ,50 de diamètre.

La nouvelle roue fut établie dans les conditions suivantes :

Diamètre de la roue.	5ᵐ,60
Largeur —	2 ,14
Noyage réglé en contre-bas du niveau d'aval, ...	0 ,70
Vitesse à la circonférence, par seconde,	0 ,60

Le renversement des aubes était déterminé par le pro-
longement de la tangente à un cercle de 0ᵐ,50 de rayon concentrique à la roue.

Cette roue donna, dans l'essai qui fut fait au frein sur l'arbre vertical, marchant à 24 tours par minute, un rendement de 85 pour 100, d'après le jaugeage fait dans les aubes.

Nous obtenions donc ainsi, du premier coup, l'effet utile annoncé, ce qui donnait tellement raison à nos calculs et à notre théorie, que depuis nous n'avons pu, quoi que nous ayons fait, apporter aucune amélioration de quelque importance à notre système.

Le moulin, qui n'avait, jusqu'alors, pu faire tourner qu'une paire de meules, en a toujours, depuis ce temps, conduit deux, réalisant ainsi un travail double de celui que donnait l'ancienne roue de côté.

Les épreuves faites à Serquigny, ainsi que celles faites à Châlons-sur-Marne, montrent quelle importance on doit attacher au jaugeage exact de l'eau. Elles ont établi que les jaugeages par l'ouverture des vannes, calculés au moyen des formules en usage, sont en désaccord avec ceux opérés, dans le même temps, dans les aubes de la roue. Ces derniers semblent plus rationnels, attendu que la roue observée, comme il a été décrit pour celle de Serquigny, constitue un véritable compteur, tellement que ce système pourrait permettre de rectifier les coefficients qui servent à jauger les eaux par les vannes et par les déversoirs, en appropriant une ou plusieurs roues à cet usage, avec des vannes et des déversoirs établis à 50 ou à 100 mètres de distance, soit en avant, soit en arrière, dans lesquels on ferait passer l'eau, soit avant, soit après leur action sur les roues. On pourrait ainsi opérer, pendant plusieurs heures, avec les roues chargées de toutes les machines qu'elles sont destinées à entraîner, et sans qu'il soit besoin de frein. Il suffirait de compter exactement le nombre de tours de roues, et d'observer, de même, à chaque révolution, la hauteur d'eau dans les aubes, pour en connaître le débit, et de le comparer avec celui trouvé au moyen des calculs d'écoulement par des vannes ou des déversoirs.

Il ne semble pas douteux que d'expériences de cette nature résulteraient des modifications à apporter aux formules actuellement en usage, surtout pour les grands débits d'eau, où les périmètres de frottement et les causes de contraction de l'eau sortant des vannes et des déversoirs sont moindres que pour de faibles débits. Il est très-supposable, qu'après ces rectifications opérées aux formules, les rendements attribués jusqu'à présent aux différents moteurs hydrauliques se réduiraient sensiblement, surtout si, comme l'a montré l'épreuve faite à Serquigny, la dépense réelle excède de 1 dixième et même de 1 neuvième celle qui est indiquée par les formules. Quoi qu'il en soit, il paraît certain que les jaugeages ordinaires n'indiquent pas le débit réel, et qu'on ne peut considérer leurs résultats que comme des approximations. Mais le cas dans lequel ils offrent une incertitude complète, c'est celui du jaugeage pour les turbines, calculé par l'écoulement de l'eau par les vannettes, attendu que le coefficient doit varier, pour chaque cas particulier, suivant la vitesse de la turbine, suivant chaque forme d'orifice de prise d'eau, et suivant chaque forme des palettes du récepteur, surtout lorsque la sortie est évasée, parce qu'elles ont une plus grande puissance d'aspiration, circonstance qui a pu faire croire à un rendement plus considérable, quand, au contraire, il pouvait se trouver inférieur, relativement à la dépense d'eau.

Il résulte de ces considérations que bien des turbines signalées comme ayant rendu jusqu'à 75 pour 100, pourraient bien voir ce rendement réduit à 60 en n'admettant que 1 quart d'eau dépensé en plus que celui indiqué par les formules, tant pour l'excédant résultant des erreurs de coef-

ficient, que pour celui absorbé par l'effet de la force centri-
fuge. Cette appréciation nous paraît d'autant plus vraisem-
blable, qu'à notre connaissance, des turbines ayant donné,
lors des épreuves, ce prétendu résultat de 75 pour 100,
ont été démontées pour être remplacées avec avantage par
des roues de côté, quelquefois semblables à celles aux-
quelles avaient été substituées ces turbines.

NOTE A.

Nous avons dit, page 41, que le noyage de la roue
n'exerce pas d'influence contraire à son rendement. Cela
est vrai, en effet, quand toutes les choses sont égales, en
amont comme en aval; c'est-à-dire quand le noyage est
produit par l'accroissement général du régime des eaux.

Mais il n'en est plus de même quand la crue n'a lieu
qu'en aval, par suite de l'établissement d'un barrage, par
exemple, ou par toute autre cause analogue.

Dans ce cas, il arrive que l'eau d'aval se trouve à un
niveau plus élevé que celui de l'eau dans les aubes qui sont
encore engagées dans le coursier, ainsi que l'indique la
figure 4. Il ne se rencontre pas ici une simple différence
de niveau de l'amont à l'aval, mais un obstacle à surmonter
par la roue, obligée de refouler l'eau, qui, se précipitant
dans les aubes, à mesure qu'elles se dégagent du fond du
coursier, exerce sur elles une pression en sens contraire
de leur mouvement. On peut, en s'appuyant sur les considérations suivantes, évaluer le travail supplémentaire qui

résulte de cet état de choses, et qui est à défalquer du travail utile de la roue.

Appelons H la hauteur *ab* de chute totale, c'est-à-dire
la différence du niveau du bief d'amont à celui de l'eau
dans l'aube A, dont l'extrémité, sur le point de se dégager
du coursier, se trouve sur la verticale passant par l'axe de
la roue; *h* la hauteur *dc* de l'eau dans cette aube, et H' la
hauteur *ed*, différence du niveau de l'eau du bief d'aval à
celui de l'eau dans l'aube A. Appelons L la largeur de la
roue; *l* la longueur de la partie *gf* de l'aube, et *l'* la longueur de la partie *fc* de cette aube.

La partie *gf* de l'aube supporte en moyenne la pression
d'une colonne d'eau de $\frac{H'}{2}$ de hauteur, soit la pression d'un
volume d'eau égal à $\frac{H'}{2} Ll$. Quant à la partie *fc* de l'aube,
tous ses points supportent régulièrement la pression de la
colonne d'eau H', soit la pression d'un volume d'eau égal
à $H'Ll'$. Il y a donc un poids égal à $\frac{H'}{2} Ll + H'Ll'$ réagis-
sant sur l'aube qui se dégage du coursier, et il s'agit de
déterminer ce que cette charge représente en kilogrammètres.

Si nous appelons D le diamètre extérieur de la roue, et
N le nombre de tours qu'elle fait par minute, la vitesse
moyenne de l'aube sera représentée par

$$3,14 \frac{N}{60} \left(D - \frac{(1/2\ l + l')}{2} \right),$$

ce qui donne en kilogrammètres une quantité représentée
par

$$3,14 \frac{N}{60} \left(D - \frac{(1/2\ l + l')}{2} \right) \times \left(\frac{H'}{2} Ll + H'L\ l'. \right) = K'.$$

Appelant K le travail théorique de la chute H, c'est la

quantité K—K′ que nous devons considérer, dans ce cas, comme le travail théorique dont notre roue doit rendre de 80 à 93 pour 100.

Nous avons eu occasion de vérifier l'exactitude de cette théorie dans l'application que nous avons eu à faire, à Amiens, d'une roue de notre système pour élever l'eau au moyen de pompes. La différence effective de rendement, due au noyage en aval, s'est toujours trouvée d'accord avec celle donnée par les calculs basés sur les considérations que nous venons d'indiquer.

Paris. — Typographie HERHUYER ET FILS, rue du Boulevard, 7.

Roue hydraulique Sagebien,
à aubes immergentes m., à niveau, méritoires dans le sabot.?

FIG. 1

3.º engrenage de 100 dents

2.ª engrenage de 144 dents

arbre portant le frein

42 dents

36 dents

30 dents

1.er engrenage de 104 dents

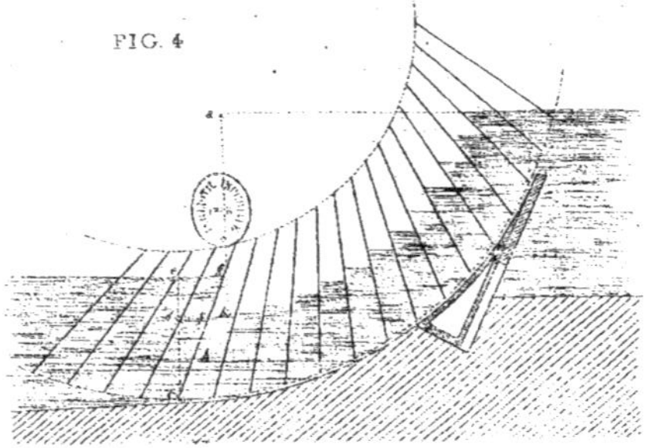

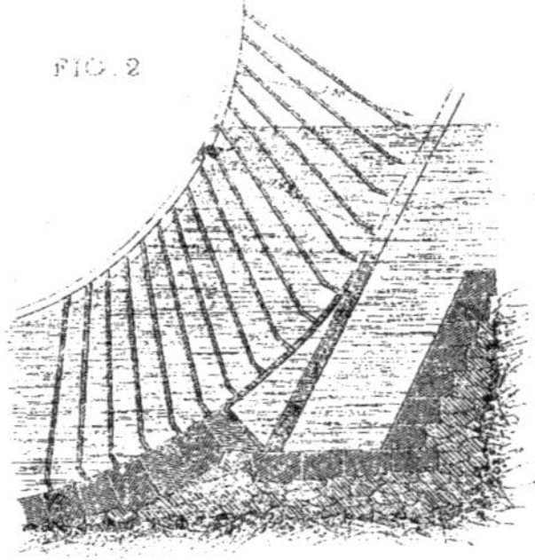

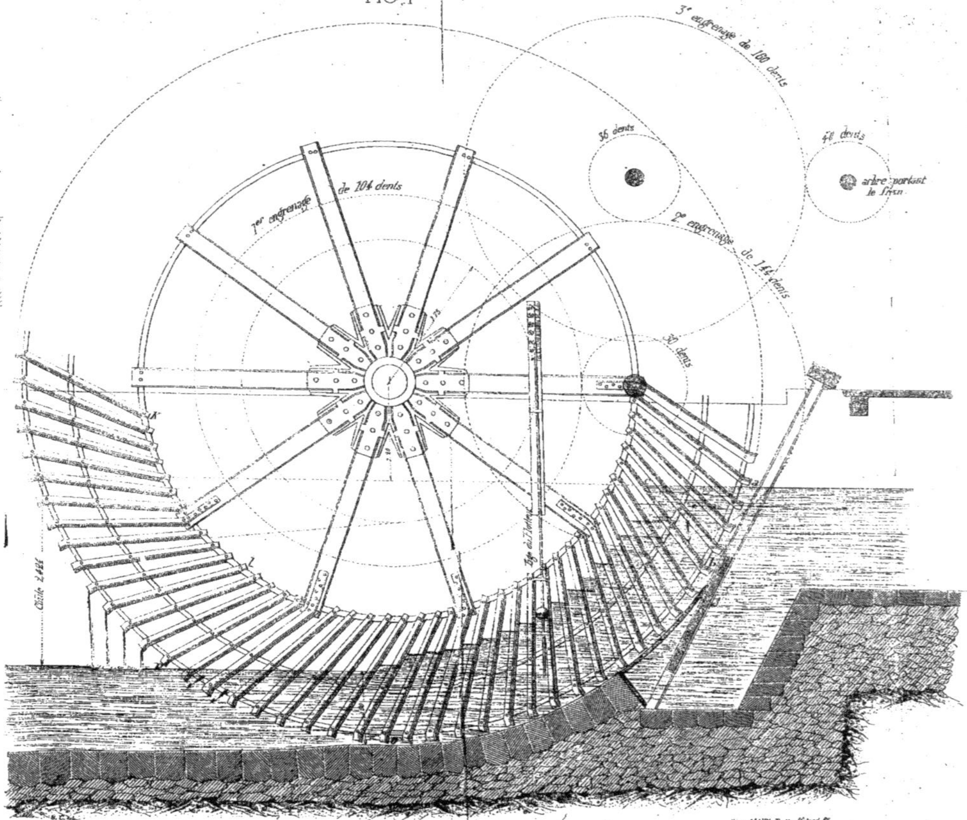

Échelle de 0m.05 pour mètre

FIG. 4

FIG. 2

Imp. MAT. R. mailions 9.

Paris.— Typographie Henryer et Fils, rue du Boulevard, 7.